Élisée Reclus

Étude
sur les dunes

étude

 Le code de la propriété intellectuelle du 1er juillet 1992 interdit en effet expressément la photocopie à usage collectif sans autorisation des ayants droit. Or, cette pratique s'est généralisée dans les établissements d'enseignement supérieur, provoquant une baisse brutale des achats de livres et de revues, au point que la possibilité même pour les auteurs de créer des œuvres nouvelles et de les faire éditer correctement est aujourd'hui menacée. En application de la loi du 11 mars 1957, il est interdit de reproduire intégralement ou partiellement le présent ouvrage, sur quelque support que ce soit, sans autorisation de l'Éditeur ou du Centre Français d'Exploitation du Droit de Copie , 20, rue Grands Augustins, 75006 Paris.

ISBN : 978-1539188308

10   9   8   7   6   5   4   3   2   1

Élisée Reclus

Étude
sur les dunes

étude

Table de Matières

Étude sur les dunes   6

Notes   25

Étude sur les dunes

Dans la langue celtique, le mot de *dun*, qui s'est maintenu en français sous une forme à peine modifiée, avait une signification analogue à celle de *colline* et s'appliquait indifféremment à toutes les cimes d'une élévation modérée, qu'elles fussent sablonneuses, calcaires ou granitiques. En France, les noms de plusieurs villes construites sur des coteaux de diverses formations géologiques, Verdun, Londun, Issoudun, Saverdun, rappellent encore le vrai sens qu'avait autrefois le mot réservé actuellement aux seuls monticules de sable. De même, le terme anglais de *downs* s'applique à des hauteurs de toute nature, notamment aux collines crayeuses des comtés de Kent et de Sussex : la plupart des auteurs anglais ont adopté l'expression française de *dune* pour désigner les amas arénacés qui s'élèvent sur les plages ou dans l'intérieur des terres.

Un certain nombre de dunes ont été formées sur place pendant le cours des siècles par la désintégration de rochers de grès. Les brouillards, les pluies, les gelées et toutes les intempéries rongent graduellement la surface de la pierre et la transforment en sables qui s'éboulent en laissant de nouvelles couches à découvert. Celles-ci subissent à leur tour l'influence destructive des météores, et c'est ainsi que peu à peu le roc, jadis solide, est changé, jusqu'à une profondeur plus ou moins considérable, en une masse de sable croulant. Les grains, froissés les uns contre les autres durant leur chute, deviennent de plus en plus ténus, et lorsque le vent souffle avec force, il peut enlever ces molécules arénacées, leur faire remonter la pente du talus et parfois même les soulever en tourbillons comme la fumée d'un volcan. Néanmoins, la dune enveloppe encore un noyau solide, et, composée en grande partie de grains plus lourds que ceux du bord de l'Océan, elle ne se déplace point tout entière sous l'action des tempêtes ; elle prend seulement une autre forme par suite du changement graduel de ses pentes en talus d'éboulement. Près de Ghadamès, plusieurs montagnes de ce genre, qui furent autrefois des collines de grès, s'élèvent à 150 et 200 mètres de hauteur : l'une d'elles, qui n'a pas moins de 155 mètres, offre du côté exposé au vent une inclinaison de 37 degrés : c'est à peu près la pente la plus forte que puisse présenter un talus de sable[1].

Quant aux monticules mouvants, désignés plus spécialement par le nom de dunes, ils se forment sur tous les points du globe où le vent trouve de légers matériaux arénacés à pousser devant lui, soit au bord de la mer, soit dans l'intérieur des continents. Des vagues de sable, souvent comparées par les poètes aux vagues de la mer, ondulent çà et là, bien qu'avec une très grande lenteur, en certaines régions des grands déserts de l'Asie et de l'Afrique. On en voit également sur le bord des fleuves qui roulent des sables dans leurs lits et qui sont exposés à de fréquents changements de niveau par l'alternance des sécheresses et des inondations. Ainsi de fort belles dunes, hautes d'environ 10 mètres, s'élèvent sur la rive du Gardon, immédiatement en aval du célèbre pont romain ; c'est le mistral qui les a dressées. En sortant de la gorge qui l'enfermait, ce vent s'empare des molécules de sable fin laissées sur les plages et desséchées par le soleil, puis il les dépose à l'entrée de la plaine, à l'endroit précis où il s'épand sur une plus large étendue et perd en intensité ce qu'il gagne en surface.

On ne saurait comparer les dunes isolées de l'intérieur du continent à ces longues rangées de monticules errants qui se développent sur le rivage sablonneux de la mer. Les seules plages dépourvues de dunes sont celles que les brisants ont formées de matières argileuses, de vases compactes ou de sables fortement mélangés de détritus animaux et végétaux. De même les rives sablonneuses de la Méditerranée, de la Baltique et d'autres mers intérieures où les marées sont à peine sensibles, n'offrent que des dunes peu élevées, parce que le manque de flux et de reflux ne permet pas aux sables d'y acquérir une mobilité suffisante ; mais sur toutes les côtes de l'Océan où le sable est assez meuble pour se laisser soulever par le vent, la formation des dunes s'accomplit avec une parfaite régularité.

Ces monticules se dressent pour ainsi dire sous les yeux

mêmes de l'observateur, il n'est pas difficile d'en suivre les progrès ni d'en donner la théorie. Les brisants remuant constamment le fond mobile du bord, se chargent des matières arénacées et les étalent en minces nappes sur l'estran ; à marée basse, les molécules de sable s'allègent peu à peu de leur humidité, cessent d'adhérer les unes aux autres et se laissent emporter vers la terre par le vent du large : ce sont là les matériaux des dunes. Si la plage se redressait vers l'intérieur du continent d'une manière parfaitement unie, ce sable rejeté par les vagues au-dessus du niveau marin, et reporté au loin par les bouffées successives du vent, s'étendrait sur le sol en couches d'une épaisseur uniforme ; mais les inégalités de la surface empêchent qu'il en soit ainsi. Des cailloux, des épaves, des branches et des troncs d'arbres couverts de coquillages, des plantes et des arbustes aux racines tenaces font saillie au-dessus de la plage et s'opposent à la marche du vent qui glisse sur le sol en entraînant les grains de sable restés à sec. Ces faibles obstacles suffisent pour déterminer la naissance des dunes en obligeant la brise à laisser tomber le petit nuage de poussière arénacée ou calcaire dont elle est chargée. L'horizontalité de la plage est ainsi rompue : les rangées de buttes sablonneuses, qui plus tard doivent se dresser en véritables collines, commencent à se profiler sur le sol[2].

Quand le vent du large souffle avec assez de force, on peut non seulement assister à la croissance des dunes, mais on peut également aider à leur formation et vérifier par l'expérience directe les assertions de la théorie. Qu'on dépose un objet quelconque sur le sol, ou mieux encore, qu'on enfonce dans le sable une rangée de piquets perpendiculairement à la direction du vent, aussitôt le courant d'air, qui vient se heurter contre l'obstacle, se rejette en arrière pour former un remous ou tourbillon, dont le diamètre est toujours proportionnel à la hauteur des piquets.

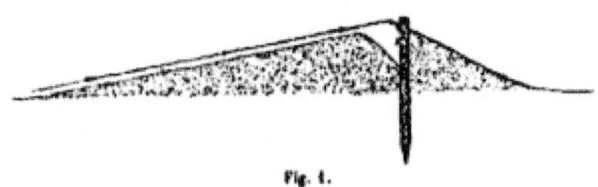

Fig. 1.

Arrêtés par ce remous, les grains de sable qu'apporte le vent se déposent graduellement en deçà de la barrière jusqu'à ce que la cime de la dune en miniature soit au niveau de la ligne idéale qui mène du rivage à l'arête supérieure de l'obstacle. Alors le sable, que pousse le souffle de la mer et qui remonte le plan incliné offert par la face antérieure du monticule, ne se laisse plus entraîner dans le remous et ramener en arrière ; il franchit le petit ravin que la gyration de l'air a ménagé en avant de la palissade, et vient tomber au delà pour s'accumuler peu à peu sur la face postérieure de l'obstacle en prenant la forme d'un talus d'éboulement[3].

Tels sont toujours les premiers commencements de la dune, quel que soit l'objet qui s'oppose à la marche du vent. Il est aisé de s'en convaincre à la vue des maisons ou les cabanes que les douaniers et les pâtres s'élèvent dans les vallons sablonneux des Landes non encore fixés par des semis d'arbres. Du côté de la mer, qui est également celui d'où le vent souffle si souvent en terribles rafales, la demeure reste séparée du talus de sable par un fossé de défense aussi régulier que s'il eût été creusé de main d'homme ; mais du côté qui fait face à l'intérieur des terres, les sables s'entassent graduellement, et si l'on ne les déblayait, ils ne manqueraient pas de s'élever bientôt à la hauteur du toit.

Sur le plateau faiblement ondulé qui s'étend au pied des grandes pyramides d'Égypte, on peut étudier aussi les mêmes phénomènes. Les vents d'est et de nord-est qui viennent frapper la face orientale de chacune de ces énormes masses, rebondissent en arrière et, développant sur le sol leurs ondes réfléchies, ne permettent pas au sable de se déposer sur les degrés inférieurs de l'édifice ; c'est à une certaine distance seulement, à l'endroit précis où le courant répercuté est neutralisé par les masses d'air venues directement de l'est que se dresse le renflement de la dune[4]. À l'occident de la pyramide, au contraire, un long talus de sable, plus ou moins incliné, vient s'appuyer à la base du monument lui-même.

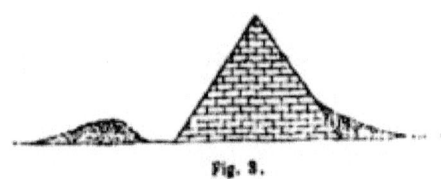

Fig. 3.

Lorsque le travail de l'homme n'intervient pas pour arrêter le progrès des dunes formées sur le rivage de la mer, ces divers obstacles qui ont déterminé l'accumulation des sables disparaissent d'abord du côté de la terre sous un talus sans cesse agrandi ; puis, quand cette partie est cachée en entier, la face antérieure commence à s'engloutir à son tour. Le vent, au lieu de se développer suivant un plan horizontal, comme sur la surface de l'Océan, est obligé de prendre une direction oblique pour remonter le versant de la dune ; lorsque celle-ci est suffisamment élevée, le courant atmosphérique passe librement au-dessus de l'obstacle qui l'arrêtait auparavant ; le petit remous qui tournoyait en deçà arrête ses gyrations, et rien n'empêche alors le sable de combler peu à peu le ravin que la répercussion du courant aérien avait maintenu devant la barrière. Bientôt l'arête de la dune coïncide avec celle de l'obstacle, celui-ci disparaît complètement, et le monticule, grandissant comme une vague qui s'approche de la rive, redressant toujours plus haut sa crête incessamment déplacée, continue d'empiéter sur les terres. Les diverses couches de sable qu'apporte successivement le vent du large remontent jusqu'au sommet le versant maritime de la dune, puis, abandonnées à leur propre poids, s'étalent en larges nappes sur le talus d'éboulement et descendent en glissant jusqu'à la base.

Ainsi gagnent incessamment les dunes, grâce aux nouvelles couches de sable ajoutées à leur talus intérieur ; mais l'action du vent dominant ne se borne pas à les agrandir, elle finit aussi par les déplacer en entier et les faire cheminer pour ainsi dire sur le sol. L'objet à la base duquel le remous de l'air avait accumulé les premiers grains de sable se décompose à la longue, les intempéries, les insectes, l'humidité, les agents chimiques le détruisent, et quand il a disparu, le sable qu'il arrêtait redevient mobile. Le vent, qui n'enlevait les couches superficielles de la dune que pour les remplacer sans cesse par de nouvelles nappes de sable, peut emporter maintenant toute la partie antérieure du monticule ; il allonge le talus d'éboulement aux dépens de la face maritime, et la base de la colline, rongée par le vent, s'éloigne toujours plus du rivage. La dune est en marche ; elle s'avance à la conquête du continent.

Les jours les plus favorables à l'observation de la marche progressive des dunes sont ceux pendant lesquels une douce brise, assez forte toutefois pour pousser le sable devant elle, souffle d'une manière parfaitement uniforme. Du haut de la dune, on voit les innombrables grains de poussière accourir en escaladant la pente ; scintillant au soleil et tourbillonnant comme des moucherons par un beau soir d'été, ils atteignent la cime, puis ils s'accumulent en forme de corniche sur le revers de l'arête, et de temps en temps ils déterminent de petits éboulements qui s'épandent sur la surface du talus comme des nappes d'eau sur le flanc d'un rocher. Lorsqu'un vent de tempête souffle avec violence et par rafales successives, les empiétements de la dune s'accomplissent d'une manière beaucoup plus rapide, mais souvent plus difficile à observer. Les cimes des monticules, qu'enveloppent des tourbillons de poussière, ressemblent à des volcans vomissant la fumée ; la face antérieure de la dune est labourée, ravinée par le vent ; des masses de sables, chargées de débris marins apportés par la tempête, s'écroulent avec bruit et se disposent en couches inégales sur le talus d'éboulement. Une tranchée pratiquée dans l'épaisseur de la dune permettrait de compter et de mesurer les strates d'épaisseur et de nature différentes que les vents ont successivement apportées. Telle douce brise n'a déposé que le sable fin comme la poussière, tel vent plus fort était chargé d'un lourd sable coquillier, tel vent d'orage a charrié des coquillages entiers, des branches et des épaves.

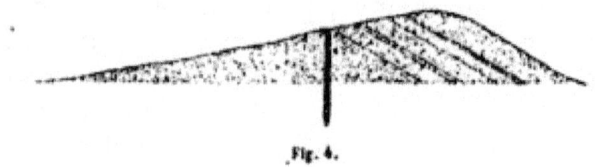

Fig. 4.

Si le plan incliné que la dune tourne du côté de la mer restait parfaitement uni, la zone du rivage n'offrirait, dans toute sa largeur, qu'un seul rempart de sable empiétant graduellement sur l'intérieur des terres ; mais à la longue, la pente de chaque dune ne peut manquer d'offrir quelques saillies causées par des corps étrangers ou par des plantes qui prennent leur naissance dans le sable. Toutes les saillies assez fortes pour résister au vent servent de points d'appui à de nouvelles dunes entées, pour ainsi dire, sur le flanc de l'ancienne. Ces nouvelles dunes elles-mêmes se hérissent d'aspérités que recouvrent bientôt d'autres monticules de sable, et c'est ainsi que se dressent peu à peu toutes ces rangées de collines mouvantes que séparent d'étroites et longues vallées appelées *lèdes* ou *lettes* par les paysans des landes françaises. En certains endroits, notamment entre Biscarosse et la Teste, les lettes ressemblent, sur une longueur de plusieurs lieues, aux lits desséchés de larges fleuves entourant de leurs flots de sable de grands îlots de verdure.

Malgré le désordre apparent de ces monticules au milieu desquels un voyageur inexpérimenté peut facilement s'égarer, la disposition générale des sables peut toujours être ramenée à un type uniforme que modifient diversement les faits géographiques locaux, les contours du rivage marin, la nature du sol, la force et la direction des vents, la présence ou l'absence de végétation.

La dune la plus rapprochée de la mer, et par conséquent la plus récente, est moins élevée que le monticule plus ancien situé immédiatement au delà ; de même celui-ci atteint une hauteur moins considérable que la colline suivante. Dans un système normal de dunes, chaque rangée qui se développe plus avant dans l'intérieur des terres dépasse les précédentes en élévation et forme comme un nouveau degré sur la pente de la grande dune primitive qui sert d'avant-garde à toute l'armée des sables. Cette dernière dune, véritable arête de tout le système, s'agrandit peu à peu de tous les matériaux qui ont servi à la formation des dunes inférieures situées sur son versant maritime. Le grain de sable que l'air entraîne au sommet du premier monticule, et qui s'éboule ensuite dans un ravin, peut rester immobile pendant des siècles sous les masses surincombantes ; mais, grâce au progrès constant de la dune dont le vent balaye toutes les couches superficielles pour les laisser retomber plus loin en talus d'éboulement, ce grain de sable finit par reparaître : porté de nouveau sur une cime, il descend encore et ne cesse ainsi de voyager de dune en dune jusqu'à la dernière.

Ces innombrables molécules arénacées cheminant en vertu de lois rigoureuses, on peut en conséquence mesurer la force des vents par la hauteur, la masse et la rapidité de déplacement des monticules. Une observation attentive permet également de comparer entre eux les divers courants atmosphériques qui poussent les sables devant eux, et d'indiquer d'une manière précise celui dont l'action est la plus énergique. Ainsi dans la péninsule d'Arvert ou de la Tremblade, située entre l'embouchure de la Gironde et celle de la Seudre, la chaîne des dunes se redresse graduellement dans la direction du nord ; et c'est à l'extrémité septentrionale que s'élève le plus haut monticule. Ce phénomène s'explique par la fréquence et l'intensité du vent de sud-ouest qui souffle dans ces parages : en vertu du parallélogramme des forces, il porte les sables plus loin et plus haut que ne peuvent le faire les vents d'ouest et du nord-ouest.

Toute dune isolée affecte des contours nettement définis rappelant ceux du croissant. Il est facile de comprendre pourquoi le monticule doit avancer de manière à projeter ainsi une pointe recourbée de chaque côté de sa masse principale. Les grains de sable auxquels le vent fait remonter dans toute sa hauteur la partie centrale de la dune ont à faire une ascension considérable et résistent à la force soulevant beaucoup plus longtemps que les molécules des deux extrémités latérales. ils gagnent en conséquence avec moins de vitesse sur la lette voisine ; les pointes extrêmes, dépassant en rapidité le reste de la dune, se reploient en guise de cornes avancées et donnent à l'ensemble de la colline mouvante l'aspect d'un volcan dont le cratère se serait effondré. Ce qui contribue encore à faire prendre cette forme semi-circulaire aux monticules sableux, c'est que le vent dominant ne souffle pas toujours perpendiculairement à la masse de la dune ; le plus souvent sa direction est oblique, tantôt dans un sens, tantôt dans un autre. Alors il fait avancer plus rapidement celle des ailes de la dune dont il frappe la crête à angle droit.

Dans le désert d'Atucuma, dans la pampa de Taniarugal, dans les *plaines jalonnées* du Texas, dans le Sahara d'Algérie, les dunes en croissant offrent une telle régularité de forme que tous les voyageurs en ont été frappés[5].

Les landes de Gascogne offrent aussi des exemples remarquables de cette disposition semi-circulaire de la crête des dunes. Aux environs d'Arcachon et de la Teste, toutes les hautes cimes de la chaîne des sables ont cette apparence de volcans effondrés et se distinguent par la riche végétation d'ajoncs, de genêts et d'arbousiers qui remplit leurs cratères ou *crouhots*. Dans les parties du littoral des landes où la rondeur cratériforme des dunes s'est oblitérée, c'est évidemment parce que deux ou plusieurs monticules ont été réunis et pour ainsi dire fondus ensemble par le vent impétueux qui souffle de la mer. Du reste, on peut se rendre compte de tous ces phénomènes en étudiant les petits renflements de sable ou dunes en miniature qui se forment par milliers sur les plages marines.

En Europe, les plus hauts monticules de sable se trouvent sur le littoral des Pays-Bas et sur les côtes atlantiques de la France. Sur le littoral des landes de Gascogne, auquel les vagues de la mer apportent chaque année 6 millions de mètres cubes de sable[6], un très grand nombre de dunes dépassent une élévation de 76 mètres ; il en existe même une, celle de Lascours, dont la longue croupe parallèle au rivage de la mer atteint en plusieurs endroits 80 mètres et dresse son dôme culminant à une altitude de 89 mètres. Il est vrai que cette hauteur semble marquer en France l'extrême limite ascensionnelle des sables, car les rangées de dunes parallèles situées à l'est de la dune de Lascours sont beaucoup moins élevées. On serait tenté d'admettre qu'après être arrivées à cette grande hauteur, les nappes inférieures du vent d'ouest, comprimées par les masses d'air plus élevées, n'ont pas la force d'impulsion nécessaire pour faire monter encore les molécules de sable et sont obligées de redescendre vers les plaines de l'intérieur en écrêtant les collines précédemment formées. En Afrique, sur les plages basses où l'Océan vient affleurer le grand désert de Sahara, l'énorme quantité des matières arénacées que les vents d'est amènent du désert et sans doute aussi des conditions atmosphériques bien différentes de celles de la France, permettent aux dunes du Cap Blanc d'atteindre une élévation de 200 mètres.

Aux yeux d'un touriste habitué à l'escalade des Alpes et des Pyrénées, ce sont là de bien humbles sommets ; pourtant ces hauteurs de sable prennent l'aspect de véritables montagnes, et leurs chaînes, disposées parallèlement à la rive comme des rangées d'énormes vagues, semblent constituer tout un système orographique. Leurs talus hardis, leurs vives arêtes taillées comme au ciseau, la forme rythmique de leurs cimes, l'harmonie générale de leurs contours, sans cesse modifiés au gré du vent, leur donnent une étonnante apparence de grandeur. La ligne de base parfaitement unie qu'offre le rivage de la mer aide également à l'illusion par le contraste, et contribue à l'aspect grandiose de ces blanches collines. Le vieux nom celtique des dunes (*dun*), qui signifie montagne, prouve que nos ancêtres avaient été singulièrement frappés de leurs formes hardies.

En gagnant incessamment sur les plaines de l'intérieur, la dune mobile engloutit sans les détruire tous les objets solides, pierres, rochers, troncs d'arbres ou demeures humaines : parfois même elle recouvre des mares d'eau tout entières et les fait disparaître pendant quelque temps sous la base inclinée de ses talus. Lorsque le sable apporté par le vent tombe avec régularité sur la nappe d'une eau dormante et couverte d'écume visqueuse, il forme souvent une couche tenue voilant complètement aux regards l'eau qui le porte. Cette couche peut même devenir assez solide pour rester en équilibre lorsque le niveau de la mare baisse au- dessous d'elle, et bientôt les molécules de sable séchées par les rayons solaires ne trahissent plus l'existence du piège caché. Les pâtres, les animaux, qui mettent le pied sur la surface de la *blouse* s'engouffrent tout à coup, plus ou moins profondément, et les eaux de la mare refluent autour d'eux. Le plus souvent ils en sont quittes pour l'émotion. Peu à peu le sable croulant se tasse au-dessous d'eux ; ils laissent le fond se consolider, puis, levant tranquillement une jambe, ils attendent qu'une espèce de marche se soit formée, et montent ainsi de degré en degré comme par un escalier.

Si les petites mares sont parfois englouties en apparence, les masses d'eau plus considérables situées à la base des dunes sont continuellement repoussées vers l'intérieur. Les rivières, arrêtées dans leur cours et changées en marais, sont également forcées au recul et mêlent leurs eaux à celles des étangs. Cette formation de lacs et de marécages, parallèle à celle des sables, est l'un des traits les plus remarquables du littoral des landes françaises. Sur un espace de 200 kilomètres se prolonge une rangée d'étangs différents de forme et de grandeur, mais tous situés à une distance a peu près égale de la mer. Une grande baie, le bassin d'Arcachon, a pu maintenir une large communication avec l'Océan, grâce peut-être à la rivière qu'il reçoit de l'intérieur ; mais toutes les autres nappes d'eau, au nord les étangs d'Hourtins et de Lacanau, au sud, ceux de Cazaux, de Parentis, d'Aureilhan, de Saint-Julien, de Léon, de Soustons, ne communiquent avec la mer que par des courants au lit tortueux et rapide, et se trouvent maintenant à un niveau considérable au-dessus de la surface marine.

Élisée Reclus

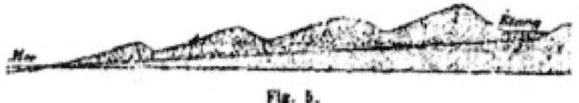
Fig. 5.

L'étang de Cazaux, le plus élevé de tous et celui qui a été repoussé graduellement dans l'intérieur des terres par les plus fortes dunes, étale sa nappe à une altitude variant de 19 à 20 mètres suivant les saisons. Il n'a pas moins de 6000 hectares de superficie moyenne. Le spectateur qui le contemple du haut d'un monticule croirait y voir une vaste baie marine, car une grande partie des rivages opposés échappe aux regards, et les arbres isolés ou disposés par groupes, qui marquent la berge lointaine, ressemblent à une flotte de navires à l'ancre dans une rade foraine ; les blancs éboulis de sable de forme triangulaire qu'on aperçoit de loin à la base des dunes verdoyantes, et qui paraissent autant de voiles d'embarcations rasant la côte, accroissent encore l'illusion. Du reste, il est probable que l'étang de Cazaux était autrefois un golfe de l'Océan, car le fond de cette petite mer intérieure se trouve encore à 10 mètres au-dessous du niveau marin. Les pêcheurs, qui sont les juges les plus autorisés en pareille matière, attestent uniformément que, dans les parties les plus creuses de l'étang, la sonde touche le sable à une trentaine de mètres au-dessous de la surface.

Il est facile de s'expliquer la transformation graduelle de l'ancien golfe de Cazaux et des autres baies marines qui découpaient le rivage aujourd'hui si uniforme des landes. D'abord séparées de l'Océan par un mince cordon de sable, comme il s'en forme souvent sur les plages basses, ces baies changées en étangs ont été peu à peu repoussées vers l'intérieur des terres par les sillons parallèles des dunes. Sous l'énorme pression des sables, elles ont gravi, pour ainsi dire, la pente du continent. En même temps les pluies et les ruisseaux, arrêtés dans leur cours, apportaient incessamment leur tribut d'eau douce aux nouveaux lacs, tandis que l'eau salée s'enfuyait à mesure par les déversoirs naturels ménagés entre les monticules. Ainsi les grains de sable que le vent pousse devant lui ont suffi, pendant le cours des siècles, à changer des golfes d'eau salée en étangs d'eau douce et à les porter dans l'intérieur du continent à une hauteur considérable au-dessus de l'Atlantique. Malgré l'obstacle que lui oppose la haute chaîne des dunes, le vent ne laisse pas que d'avoir une certaine action sur les plages de sables situées à l'est des étangs, et là également il élève des rangées de collines. Nul doute que ces monticules ne pussent atteindre une élévation considérable si les nappes des étangs étaient soumises comme la surface de l'Océan aux oscillations des marées.

Nombreux sont les désastres occasionnés par l'envahissement des dunes ou des étangs pendant l'ère historique. Les villages situés à la base orientale des dunes de la Gascogne, sur le bord des étangs, devaient se déplacer de temps en temps vers l'est, sous peine d'être engloutis par les sables ou par les eaux. À l'approche du danger, les habitants menacés essayaient quelquefois une vaine résistance. Dès que les vents réguliers de l'ouest étaient provisoirement remplacés par un vent d'est, pâtres et cultivateurs, armés de pelles et de pioches, se rendaient en toute hâte au sommet des dunes, et, pleins d'une ardeur enfantine, ils démolissaient la crête des sables pour la livrer au souffle de l'air. Mais bientôt les vents réguliers reportaient le sable vers l'intérieur ; les dunes recommençaient à marcher et mettaient l'armée des paysans en déroute. Sous peine d'être engloutis, ils devaient démolir leurs cabanes pour en emporter les matériaux, et se bâtir de nouvelles demeures à une certaine distance dans l'intérieur de la lande. Les années, les siècles s'écoulaient ; mais les dunes et les étangs marchaient toujours, et de nouveau les habitants étaient condamnés à transférer leurs villages au milieu des bruyères. C'étaient là des malheurs prévus, et la chronique gardait le silence sur ces émigrations successives : elle se borne à mentionner les noms de quelques églises qu'on a dû abandonner aux sables pour les reconstruire au loin sur le plateau des landes. Ainsi nous savons que l'église de Lège a été rebâtie en 1480 et en 1660, la première fois à 4 kilomètres, la seconde à 3 kilomètres plus avant dans l'intérieur des terres ; mais les étapes des autres localités de la même zone ne sont pas connues d'une manière précise. Quant aux bourgs aujourd'hui disparus de Lislan, de Lélos et d'Anchise, on ignore jusqu'à leur ancien emplacement. Après avoir perdu son port et ses hameaux, le bourg de Mimizan, jadis très-important, allait être englouti tout entier, lorsque, au moment suprême, les dunes furent heureusement fixées par des semis de pins. Le demi-cercle des collines envahissantes, pareil à la gueule ébréchée d'un cratère, semble être encore sur le point de dévorer les maisons.

Les dunes ont été souvent comparées à des sabliers gigantesques mesurant le temps par la marche progressive de leurs talus de sable. La comparaison est juste, car les vents d'ouest qui opèrent tous ces changements sur le littoral des landes obéissent à présent aux mêmes lois qu'il y a des milliers d'années, et très-probablement leur force n'a pas changé pendant cet intervalle de temps. Les dunes, les étangs, et même les villages riverains peuvent donc être considérés comme de véritables chronomètres géologiques ; mais par malheur les indications qu'ils fournissent n'ont pas encore été déchiffrées d'une manière certaine, et maintenant que les dunes sont fixées, il est bien tard pour entreprendre cette étude. L'illustre Brémontier dont le livre, imprimé en l'an V de la République[7], est encore l'autorité principale sur la question des sables mouvants, a fait pendant huit années une série d'observations qui lui ont donné une moyenne de 20 à 25 mètres pour le progrès annuel des dunes de la Teste. Ce résultat s'accorde d'une manière remarquable avec les indications fournies par les empiétements des dunes de Legs pendant les quatre cents dernières années. En admettant comme normale la moyenne calculée par Brémontier, on arriverait à cette conclusion que, dans un laps de temps de vingt siècles, les dunes auraient pu envahir toute la zone des landes et recouvrir la ville de Bordeaux : il eût même suffi de mille ans pour transformer en marécages les belles campagnes du Bordelais, car les étangs, repoussés constamment par les dunes envahissantes, se seraient abîmés du côté de l'est en déluges successifs aussitôt après avoir dépassé la ligue culminante du plateau des landes. Il est probable que des recherches entreprises en d'autres lieux auraient pleinement confirmé les observations faites par Brémontier ; cependant, en l'absence de ces recherches, on ne peut accepter comme s'appliquant à toute l'armée des sables, de Bayonne à la pointe de Grave, des mesures faites au pied d'un groupe de dunes isolées : pour se prononcer définitivement, il faut attendre les observations que les savants ne manqueront point de faire sur la marche des dunes dans toutes les parties du globe où ces monticules ne sont pas encore fixés.

Cependant, l'œuvre de la nature est double, et si, d'une part, elle précipite la marche des sables, d'autre part elle tâche de les arrêter : elle-même indique les moyens de prévenir ou prévient spontanément les désastres dont elle est cause. En certains endroits, et spécialement sur une partie de la côte des landes, elle exerce une action physique et chimique en se servant de l'oxyde de fer que contient l'eau des sources pour consolider les sables et les transformer graduellement en de véritables roches. Ailleurs, des ciments organiques, composés de coquillages brisés, de restes d'infusoires siliceux et calcaires, agglutinent les molécules arénacées et leur donnent la stabilité nécessaire pour résister au souffle du vent. Mais ces moyens de consolidation des sables peuvent être considérés comme exceptionnels. C'est principalement la végétation que la nature emploie pour fixer les collines mouvantes des bords de la mer. Sur presque tous les rivages, les débris arénacés et calcaires constituant le sol renferment assez de principes fertilisants pour nourrir un certain nombre de plantes vivaces qui ne craignent pas l'air salé des flots et projettent leurs racines aux profondeurs où se trouve l'humidité nécessaire. Parmi ces végétaux hardis, le plus commun, et le plus utile à la fois, est le gourbet[8], dont les touffes, d'un vert pâle, n'arrêtent guère le vent, mais dont les fortes racines, parfois longues de 12 ou 15 mètres, se développent d'autant mieux que le sol a moins de consistance. Diverses espèces de convolvulacées rampent sur le sol et, fixant de distance en distance leurs vigoureux cordages, enveloppent parfois une dune entière dans leur réseau de feuilles et de fleurs. D'autres plantes dressent fièrement leurs tiges, mais si cette tige vient à être engloutie par les sables, elle se transforme incontinent en racine et donne naissance à une nouvelle pousse qui peut être enterrée à son tour sans que la plante soit exposée à périr. Ainsi telle graine germant à la base de la dune produit souvent un végétal qui, de résurrection en résurrection, finit par s'épanouir au sommet du monticule et relie par un câble de racines les couches arénacées que les lianes des convolvulus fixent à la surface. Nombre de plaines dont les frêles tiges sont à demi enterrées dans le sable, sont peut-être contemporaines de la dune elle-même[9] ; peut-être même existaient-elles déjà avant que l'homme eût une histoire.

Dans cette lutte engagée contre la force des vents et la puissance de la végétation, l'issue définitive dépend à la fois des conditions climatériques, de la nature du sol, de la forme du rivage et des diverses circonstances éventuelles parmi lesquelles il faut ranger, en première ligne, les dégâts causés par l'homme et les animaux. Dans l'Amérique du Sud, sur les rivages des contrées tropicales où le développement des plantes est favorisé, suivant les saisons, par une chaleur extrême et par des torrents de pluie, là où les sables contiennent une forte proportion de débris animaux et végétaux, la plupart des dunes sont déjà fixées à quelques mètres de la mer par des mimosas, des cactus et des arbres épineux. La flore des sables est moins riche en Europe. Sur les cotes du Jutland, elle se compose seulement de deux cent trente-quatre espèces de plantes, très-humbles pour la plupart[10] ; aussi les dunes blanches de la péninsule danoise, de même que celles de la Gascogne et de la Hollande, n'ont-elles point assez de cohésion pour résister aux furieux vents d'ouest qui les assaillent. Il est probable toutefois que, même dans les pays de la zone tempérée, la modeste végétation herbacée des sables du littoral a la force de fixer les dunes après un certain laps de siècles, et de préparer, par la lente accumulation de ses débris, une couche végétale où les grands arbres peuvent croître spontanément.

S'il n'en était pas ainsi, il serait difficile de comprendre comment toutes les dunes de l'Europe étaient anciennement couvertes de forêts. D'après le témoignage unanime des anciens géographes, les bois s'étendaient jusqu'au bord de la mer dans ces plaines qui sont aujourd'hui les Pays-Bas[11]. Ni le grand géographe Strabon, ni Pline l'encyclopédiste, ni aucun autre écrivain de l'antiquité ne mentionne l'existence de collines poussées par le vent, bien que ce phénomène eût été certainement de nature à les frapper. Les Bataves, les Angles, les Frisons, n'avaient dans leurs idiomes aucun mot spécial pour désigner un monticule de sable mouvant ; de même, nous le savons, les Gaulois appliquaient indifféremment le mot dam à toutes les hauteurs. Sous un grand nombre de dunes de la Gascogne on découvre des troncs de chênes, de pins et d'autres essences, engloutis dans le sable au-dessus de l'ancien niveau des landes. Bien plus, quelques dunes portent encore des bois magnifiques, qui comptent au moins plusieurs siècles d'existence et qui n'ont probablement pas été plantés par l'homme. Non loin d'Arcachon, on peut s'égarer dans une forêt où se dressent des pins gigantesques, sans rivaux en France, et des chênes mesurant 12 mètres de tour. Des titres de 1332 parlent aussi de forêts qui recouvraient les dunes, et où les seigneurs de Lesparre allaient en joyeuse compagnie chasser le cerf, le sanglier, le chevreuil. Enfin Montaigne[12], écrivant au milieu du XVIe siècle, dit que les envahissements des sables avaient lieu « depuis quelque temps ». D'ailleurs pourquoi les Landais donneraient-ils, comme les Espagnols, le nom de monts ou montagnes à leurs forêts, même à celles de la plaine, sinon parce que leurs collines de sable étaient autrefois uniformément couvertes d'arbres ?

Malheureusement toutes ces belles forêts qui protégeaient autrefois les pays bas du littoral maritime contre l'invasion des sables furent successivement détruites pendant les mauvais jours du moyen âge, soit par des envahisseurs barbares, soit par des seigneurs imprévoyants, soit par les paysans eux-mêmes. Encore au dernier siècle, le roi de Prusse, Frédéric Guillaume Ier, ayant grand besoin d'argent, fit abattre la forêt de pins qui s'étendait sans interruption sur les dunes de la Frische Nehrung, de Dantzick à Pillau. L'opération lui rapporta la somme de 200 000 écus ; mais les sables mouvants envahirent la grande baie intérieure, détruisirent les pêcheries, obstruèrent le chenal de navigation, ensevelirent les forteresses de défense et modifièrent de la manière la plus fâcheuse l'économie hydrographique de tous ces parages. En Hollande, en Bretagne, au sud de la Garonne, le déboisement du littoral a produit des résultats plus funestes encore. Sur les bords du lac Michigan, au cap Cod (Massachusetts), les défrichements de la plage ont aussi amené la formation de collines mouvantes[13]. Mais les riverains n'ont à se plaindre que d'eux-mêmes : les dunes sont leur ouvrage. Une seule imprudence peut causer de grands malheurs : c'est ainsi que d'après Staring, une des plus hautes dunes de la Frise doit son origine à la destruction d'un seul chêne[14].

C'est à l'homme d'arrêter maintenant par son travail ces monticules de sable qu'il a pour ainsi dire créés par son imprévoyance. Heureusement ce n'est pas une œuvre impossible. Déjà le berger des landes, quand il voulait protéger sa cabane érigée au fond de quelque ravin des dunes, avait soin de couper dans les lattes ou les marécages environnants des graminées ou des roseaux qu'il étendait sur le sol de manière à le recouvrir complètement et a ne laisser aucune prise au vent de la mer. Cela suffit, le sable reste immobile et la dune est désormais fixée, aussi longtemps du moins que le pas d'un cheval, la dent d'une brebis ou d'un animal sauvage, une averse de pluie ou telle autre cause, n'ont pas transpercé la couche protectrice et rendu aux sables leur mobilité : il faut alors tapisser le sol d'une nouvelle litière de plantes.

Mais ce moyen de protection, qui d'ailleurs est praticable seulement sur de faibles étendues, est tout à fait provisoire : pour obtenir un résultat définitif, il faut nécessairement recourir à la fixation directe des dunes par des semis d'arbres ou d'autres plantes offrant aux vents une barrière infranchissable. Dans les temps modernes, les Hollandais, ces grands maîtres pour tous les travaux de la mer et des rivages, ont été les premiers à reconnaître l'absolue nécessité de fixer les dunes. À la fois défendus et menacés par ces masses de sable mouvant qui ne cessaient d'empiéter sur leur territoire, tout en le protégeant contre les assauts de la mer, ils ont compris que le salut même de la patrie pouvait dépendre de ce rempart de collines, et depuis un siècle, ils l'ont complètement arrêté par des plantations de roseaux des sables et de sapins.

Les premières tentatives faites pour la fixation des dunes de Gascogne datent du commencement du XVIIIe siècle. M. de Ruhat, acquéreur de l'ancien captalat de Buch, ensemença de pins quelques collines de la Teste ; mais quoique les semis eussent réussi parfaitement, l'œuvre ne fut pas continuée, et partout ailleurs les inertes Landais laissèrent les dunes marcher à l'assaut de leurs villages. Plus tard, les frères Desbiey et l'ingénieur Villers proposeront à diverses reprises la fixation de toute la zone des sables : leur voix ne fut point entendue. C'est au célèbre Brémontier qu'échut l'honneur de faire adopter et de mettre en pratique un plan d'ensemble pour la culture des dunes. S'inspirant des écrits et de l'exemple de ses devanciers, ne dédaignant pas d'interroger les pâtres qui connaissaient par tradition les moyens d'arrêter les sables, Brémontier se mit pour la première fois à l'œuvre en 1787 ; interrompus en 1789, puis repris en 1791, les travaux furent complètement abandonnés en 1793 par suite de l'opposition qu'avaient suscitée plusieurs habitants de la Teste ; mais déjà l'on pouvait constater d'importants résultats. Plus de 250 hectares de sables mouvants avaient été fixés dans les environs d'Arcachon ; des pins, des chênes, des plants de vigne étaient en parfaite croissance, et l'ensemencement d'un hectare n'avait pas coûté plus de 200 francs. La possibilité d'arrêter la marche des dunes à peu de frais était absolument démontrée.

Au commencement du siècle, l'œuvre interrompue fut reprise, et depuis quelques années les travaux sont à peu près terminés. Les dunes, désormais fixées, enrichissent les contrées qu'elles menaçaient autrefois d'engloutir, et, par suite de la valeur croissante des pins et de leurs produits, c'est par centaines de mille francs[15] qu'il faut maintenant compter l'accroissement annuel de la fortune publique sur le littoral. Le moyen de salut appliqué par Brémontier est devenu pour les Landais une cause de prospérité. En même temps, bien des résultats heureux, auxquels ou ne pouvait s'attendre d'avance, ont été obtenus. Le sable, garanti des rayons du soleil par l'ombrage des pins, produit des herbes qu'on utilise pour la litière et l'alimentation des bestiaux. Les lèdes, ou vallées intermédiaires des dunes, qui pendant six mois de l'année étaient transformées par les eaux de pluie en d'infranchissables fondrières, ont été assainies sans l'intervention de l'homme, grâce aux millions de racines pompant incessamment l'humidité des sables. La surface des vastes étangs situés à la base orientale des dunes s'est également abaissée pour fournir aux arbres de la forêt l'eau nécessaire à leur croissance. En outre, la fixation des dunes a fait disparaître les*blouses* dans lesquelles s'engouffraient les hommes et les animaux. De nos jours, ces accidents ne sont plus à craindre : le sable ne voyage plus, et les mares, absorbées par le chevelu des racines, ont cessé d'exister. La science a réparé les désordres causés naguère par l'imprévoyance humaine.

Notes

1.   Vattone, Mission de Ghadamés. Voyez aussi Barth, Zeitschrift für Erdkunde mars 1864.

2.   Le paragraphe précédent et quelques-uns de ceux qui suivent sont extraits, avec d'importantes modifications, d'une série d'articles publiés dans la Revue des deux mondes sous le titre de Littoral de la France.

3.   Un géologue qui a longtemps et sérieusement étudié les dunes de la Gironde, M. Baulin, a trouvé que la pente occidentale des dunes, dont la base n'est pas rongée par la mer, est en moyenne de 7 à 12°. La pente orientale est de 29 à 32°, c'est-à-dire trois fois plus forte. Elle serait de 45° si les pluies ne ravinaient les talus et n'en prolongeaient ainsi l'inclinaison.

4.   Au pied des falaises de la Ligurie où les sables s'accumulent en dunes, on voit aussi une espèce de fosse entre les rochers et les amas mobiles.

5.   Pœppig, Meyen, Bottaert, Gillis, Laurent.

6.   Laval, Annales des ponts et chaussées, 1842.

7.   Mémoires sur les dunes.

8.   Arundo arenaria.

9. De Candolle, Élie de Beaumont.

10. Andresen, Om Klitformationen.

11. Staring, Voormals en Thans.

12. Essais, livre IV.

13. March, Man and nature, p. 487.

14. De Rodem van Nederland, I, p. 425.

15. La valeur estimée des forêts des dunes landaises est de 25 millions, soit de 600 francs l'hectare.

www.ingramcontent.com/pod-product-compliance
Lightning Source LLC
Chambersburg PA
CBHW070342190526
45169CB00005B/2005